スワンレイクの夏

野生の白鳥たちの子育て

その日は西風で曇りの日だった。僕は橋の袂で編隊滑走の写真を撮ろうと待ち構えていた。

編隊はうまく離水し、ほとんどの白鳥たちが橋桁をクリヤしたと思われた瞬間、ドスンという鈍い音が響いた。

最後に出発した子白鳥一羽が欄干に衝突し、橋の上の敷き板の上に転落したのである。それこそ一瞬の出来事だった。

鈍い音とともに橋の上に落ちた白鳥は、すぐ立ち上がり、足を引きずりながら歩こうとした。しかし怪我をしたのだろう、橋板には点々と血がこぼれ落ちた。

僕は橋に駆け上がり、傷ついた白鳥に走り寄った。そして白鳥を抱きかかえ、すぐに湖に帰してやりたいという衝動にかられた。

ふと橋の下に目を移すと、一体何が起こったのかとばかり、親白鳥の一羽が心配そうな目つきで橋の欄干をじっと見上げているではないか。傷ついた白鳥は僕が抱き上げようと近づくと、さらに恐怖を感じたのか、よろめきつつ僕から逃げようとする。同時に喉を絞るような高い奇妙な声を出しながら、遠ざかり、なかなか抱かせない。パニックになり怯えているのだ。わかる。血は大量ではないが落ち続けている。

僕はこんな状態の白鳥を直接抱くことは危険だと本能的に感じ、取り急ぎ駐車場へ走り、車から非常用の毛布を取り出してきた。

そして毛布でやんわりと白鳥全体を包み、白鳥に目隠しをして抱き上げた。ずっしりと重たい。

その時の白鳥の心臓の鼓動は、一分に百は超えていたにちがいない。そのはげしい鼓動は白鳥を抱く僕の胸に響くように伝わってきた。

（本文「悲劇の顛末」より）

目次

はじめに

僕が鳥に興味を覚えたのは一体いつからだろうか。

それは幼い時からではない。成人し、医師になり、何十年間か職業として微生物学を研究したり教えていた時代には、野鳥に気をとめることなどほとんどなかった。子供を連れ、時折訪れた動物園でも、熱帯の猛獣のようには鳥に興味を惹かれた覚えがない。職業柄、鳥の赤血球を採取したり、鶏の受精卵にウイルスを接種、培養したことや、時には人間に病原菌を伝搬する幾つかの鳥の名を医学部の講義で触れたこともある。それが寄る年波で退職を決意してからは、在職中にはなかなか行かれなかった辺地を旅する機会が増えた。行く先々で野生の動物や鳥に出くわし、当然撮った写真にも鳥たちの姿が多く残るようになった。

とりわけ、退職して数年後に訪れたアメリカ大陸西南部のニューメキシコで出会った鶴と真っ白なスノーギースという雁の大群には圧倒され、そのまま、その場所に、一、二日滞在して飛ぶ姿を撮影したほどである。それはニューメキシコ（New Mexico）州のアパッチの森（Bosque del Apache）と呼ばれる小高いなだらかな山と大河（Rio Grande）に挟まれた湿地帯で、野生動物の保護区であった。保護区の一画にはトウモロコシなどが栽培され、冬越しする鳥たちの餌に供されていた。

残念ながら、その時の写真の大部分は、うまく撮れていなかった。ほとんどが、ぶれていたのだ。道具の貧弱さと撮影技術の未熟さのためだった。それを契機に、野鳥、とくに飛ぶ野鳥をうまく撮影できるようになりたいと意を決し、専用の高性能カメラを整えた。それからは毎年冬が訪れると、その野鳥の聖地でたっぷり一、二週間を過ごすことになってしまったように思う。それが僕の野鳥たちとの深い付き合いの始まりだった。

それ以来、どちらかといえば鶴、鷺、鴨、ペリカンのような比較的大きな野鳥の飛ぶ写真を撮ることが僕の趣味となり、いろいろ失敗を重ねつつ経験を積んでいった。バズーカ砲のような長く重たい５００ミリの望遠レンズも揃えた。重い三脚にカメラを載せ、暇を見つけては自然公園や荒野に野鳥を追う僕の姿を報じた地方の新聞社もあった。

飛ぶ鳥の撮影には辛抱が大事である。僕は生来あまり辛抱の良いほうではないが、今では鳥の撮影に関する限り、吹きすさぶ寒風のなかでも何時間も待つことに耐えられるようになった。撮影技術の向上にも努力した。勿論、使うカメラにも特定の機能が要求される。早いシャッタースピードは必須だ。その上、最高に短いシャッターラグが求められる。失敗も多かったが自分でもびっくりするくらいすばらしい写真に報われたこともあった。

野鳥を求めてアメリカ国内は勿論、外国にも出かけることがよくある。彼らが大空を自由に羽ばたく姿は実に優雅で美しい。鶴や鷺などの首の長いのが、蛇に似て気持ちが悪いと思う人もいるだろう。だが、他の人がどのように感じるかは全く関心がない。とにかく、僕はそのような飛ぶ野鳥のダイナミックな美しさにほれ込んでしまったのだ。それ以来、飛ぶ鳥を探して、見知らぬ辺地や山、荒野をどれほどさ迷い歩いたことだろう。野鳥を追いながら肩を越える高さの草むらに分け入り、蚊やダニなどに刺されたり、細い山道で張り出した木の根や落葉に隠された窪みに足を取られて転倒したことなど数えきれない。転んで少々体に傷はついても、いつもカメラだけはしっかりと抱きしめていた。それでもレンズが泥をかぶり、使えなくなったこともある。このような予期せぬ事態に備え、僕はいつも2台のカメラを携行することにした。

その後、僕は写真を撮るだけでなく、鳥たちの習性や彼らの生活環境にまで興味を広げ、インターネットや本、雑誌などでいろいろな野鳥の習性や渡り鳥の神秘的な能力を調べることにも力を注いだ。もし生まれ変わったら鳥類学を専攻するかもしれない。とにかく、僕の野鳥に対する興味は、趣味の域を越して執念になっているといえるだろう。

白鳥との出会い

野鳥に魅せられた僕に、野生の白鳥の生態と子育てをつぶさに観察する機会が訪れたのは数年前のことであった。場所はイリノイ州にあるボーリングブルックという田舎町の郊外である。この町の周辺には果てしなく肥沃な畑が広がり、トウモロコシや大豆が栽培されていた。畑には色とりどりの屋根の農家に混じり、灌漑用の池や湖が点在している。

それは春先のまだ肌寒いがよく晴れた日で、ゴルフシーズンを前に僕はいつもの練習場へクラブ二、三本を担いで出かけていった。四月十六日のことである。その練習用の短いコースの南側には細長い比較的大きな湖があり、そこは野鳥や魚たちの天国だった。湖畔には葦《あし》や蒲《がま》、潅木《かんぼく》、雑草が生い茂り、そのすぐ南側には、ここ何年か続いた不況のため建築開始が遅れていた住宅予定地が雑草に覆われて寒々と広がっていた。この周辺は時たまゴルフクラブで開かれる花火大会のほかには全く人気《ひとけ》のない場所だった。湖は町の下水処理施設の最終区域の一つで、いつも信じられないくらい綺麗に澄んだ水が溢れていた。この湖には正式な名がついていなかったので僕はスワン・レイク（Swan Lake）と名づけることにした。夏が訪れると、この湖の主を思わせる蛙の唸るような低い声が響いていた。長かった氷と雪の冬、それにシカゴ特有の強風のせいで、この時期には湖を囲む葦や潅木、草などはすべて枯れ萎れてしまい、湖の東端近くに架かっている短い橋はまだ一部残雪に覆われていた。

この橋はゴルフカート一台がやっと通れるくらいの幅で、歩くと敷き板が軋《きし》んで、憚《はばか》るほど大きな音をたてた。少し暖かくなると、この橋は釣り人が糸を垂らしたり、近所の住民が夕涼みに出かけて来るところだった。不思議と蚊などは全くいない。橋の中ほどの一寸幅が広くなったところに休憩所があり、貧相な木造のベンチが据えられていた。休憩所の軒下にはツバメが残したいくつもの巣があり、そこから落とされた糞でベンチはあちこち汚れ、橋の両側の比較的頑丈な鉄製の欄干は、水鳥たちの落とす排出物であちこち白く彩られていた。

萎れた水草が隈なく浮かぶ春先の湖は夕焼け雲が映り込み、実に綺麗だった。湖面にはビーバーたちが作りかけたか、見捨てたと思われる小枝や葦で組まれたこんもりとした小山が、いくつか水面から頭だけ突き出していた。

その日、僕は橋の中ごろまで歩いてきて、それとなく湖面に目を移すと、はるか彼方に一つ、いや二つ、真っ白な、かすかに動くなにかが目に映った。それが二羽の白鳥であることが分かるまでにはあまり時間を要さなかった。これはと思い、その方に近づいてみると彼らが白鳥（mute swan ―日本名は瘤白鳥）の番《つが》いであることが分かった。過去にこの周辺で、白鳥を目にしたことは何回かあるが、こんな早い時期に出くわしたのは初めてだった。

僕は今までにバレエ〝白鳥の湖〟で表現されるような彼らの優雅な姿を、多くの写真集などで見たことはあったが、それらはほとんど静止しているか、静かに泳いでいる姿に限られていた。飛翔中の白鳥の写真はあまり見た記憶がない。以前、冬の北海道でシベリヤから渡ってくる大白鳥の群れを撮影したことがあるが、本当に気に入った野生の白鳥が飛翔する写真の撮影には未だ成功していない。オーストラリアで見た黒白鳥、ドナウ川の川辺で目にした白鳥、スイスのアルプス近辺の湖で会った白鳥、それらはすべて美しかったが静止しているものだった。

自由に飛べる白鳥は野生でなければならない。池や公園で飼われている白鳥の多くは足輪を入れられたうえに根本から羽を切られ、飛べないようにしてあるのだ。大型の野鳥である白鳥の飛翔は実に優雅で頼もしい。白く巨大な翼《つばさ》は空気を包み込むようにゆっくりと力強く羽ばたく。そのような野生の白鳥の大空を飛ぶ姿をうまく撮影することは、僕の夢というか願いの一つであったということもあり、この白鳥の番いを目にしたときは絶好のチャンス至れりとばかり、かなりの興奮と期待を覚えざるを得なかった。しかし、この白鳥たちが果たしてこの湖に定着してくれるのか、それとも、もっと北の最終目的地への旅の途中の一時的寄留なのかはわからなかった。春先、この地域は南から北に旅するいろいろな渡り鳥の憩いの場所なのである。彼らの多くは一、二日休むと、すぐに目的地（繁殖地）に向かって飛んでいってしまう。それ限りである。

湖上の白鳥を暫く眺めた後、僕はゴルフクラブを少し振ってみたが、体がまだ硬く、うまくボールは打てなかった。でも、なんとなく気持ちが清々しい早春の午後だった。夕食後、僕はさきほど見かけた白鳥（mute swan）のことを、あれこれインターネットで調べてみた。それからあの白鳥たちがスワンレイクに定着してくれることを願いながら眠りについた。

瘤白鳥（Mute Swan）

この種の白鳥（Cygnus olor）は、ヨーロッパ、アジアから北米をはじめ、世界各地に持ち込まれたもので、ミュート・スワンという英語名の通りあまり大きな声（人に聞こえるような）を出さないのが特徴とされている。羽を広げた時の大きさは一メートル五十センチに達し、体重は十―十五キロに及ぶ。飛ぶ鳥としては一番重たい。羽は真っ白で、飛翔時速は八十キロに及ぶ。成熟したこの種の白鳥は嘴《くちばし》が赤く、その上の方に黒い瘤《こぶ》のようなものがあるのが特徴で、その名の由来である。もう少し優雅な名前を付けてやったらと思うが。足は巨大で黒色、立派な水掻きがついている。通常淡水の池、河川に住み、水草（Submerged Aquatic Vegetation—SAV）を主食とするが小動物（蛙、昆虫など）も食べるという報告もある。成熟した白鳥は一日、約五、六キロの水草を食べる。大食である。産卵は春で平均五、六個、孵化までは三十余日とされている。雛は一年くらいで独立し、三年くらいで成熟。平均、十数年生きるといわれる。三十年という記載もある。番いとは必ずしも永遠ではない。瘤白鳥は地域により住む場所を変えるが正確には渡り鳥ではない。この種の白鳥に関しては断片的、教科書的な記載や随筆は多いが、僕の知る限り特定の野生の番いの生態を一シーズン（半年）にわたって詳細に追跡した記録は見当たらなかった。白鳥はその優雅さと神秘さはギリシャ神話や古典音楽にも描写され、本邦では幾多の俳句に詠まれており、多くの人たちに愛されている優雅な動物だ。

上：スワンレイク（Swan Lake）昼間の風景。南側に広い造成地がみえる。
広さは幅約 100 メートル、長さは 500 メートルくらい。橋の上から撮影。
下：スワンレイクの夕方。この湖が随筆主役の白鳥たちの活動舞台である。

定着と巣作り

翌朝、目を覚まして間もなく、僕はカメラを持ち、昨日白鳥がいた湖に車を走らせた。二十分くらいのドライブである。湖畔は朝風が冷たかったが雲一点ない快晴であった。予想していた最悪のことは、昨日の白鳥たちが昨夕か今朝早く、この湖から飛び去ってしまっていることだった。

胸を躍らせながら早足に湖に近づいてみると、ああ、いるいる、はるか彼方に二羽の白鳥が昨日と同じように湖上に浮かんでいる姿がはっきりと見えた。僕はカメラをセットし、橋を渡りきり、しのび足で白鳥たちに近づいていった。湖の周りには雑草が枯れたまま残っており、黒い土壌は溶けかけた霜でぬかるんで足を取られがちだった。靴底にはべっとりと泥が固まりついていた。野鳥は人や外敵に対し非常に敏感で、ちょっとした音、動きを驚くほど遠くから感じとり、すぐ場所を移してしまうか飛び去る習性がある。白鳥も例外ではない。だから野生の鳥の撮影には望遠レンズが必須で、近接の距離では、まずいい写真は撮れない。僕が持ってきたのは比較的軽いが高性能の28―３００ミリのズームレンズだ。出来るだけ動きと音を殺しつつ、一歩また一歩とゆっくり白鳥たちに近づき、岸辺の低い潅木の陰に身を隠して望遠レンズをセットし、カメラのファインダーを覗いた。Mute swan（瘤白鳥）に間違いなかった。この白鳥特有の黒い瘤が真っ赤な嘴の上部を覆っている。それ故、近づいて見れば少し獰猛な印象を受けるかもしれない。

冷たい外気と吐く息で曇るファインダーを拭きながら、とりあえず何枚か写真を撮ってみた。それからしばらくの間、彼らが長い白い首を水中に突っ込み、餌（水草）を探りながら食べたり、そのあたりをゆっくり回遊するのを眺めて時を過ごした。まだ彼らは僕に気付いていないようだった。湖面に影を映す白鳥たちは実に優雅で美しかった。白鳥の姿に魅せられたのは、ギリシャ神話のレダ（Leda）だけではないようだ。

その時から僕はスワンレイクをちょくちょく訪れ、この白鳥たちの湖上での動きを観察するひと夏が始まった。

彼らはよく場所を変え、ほとんど一日中といってよいほど水草や藻を貪り食べていた。食べるために生きているという感じさえした。食べていないときには、二羽そろって湖の端から端までゆっくりと行ったり来たりしていた。多分、偵察だろう。時折、湖岸に這い上がり、濡れた羽を大きく広げ、体を何回か震わせ、春先のか弱い太陽の熱で乾かしながら嘴で体を清めていた。そして体の後部にある油脂腺と思われる部位から防水脂肪を嘴でつまみ、丁寧に体のあちこちに塗りこんでいた。時に短い羽が飛び散った。この羽づくろいはグルーミングに似た仕草のようだが、白鳥は自分自身の体に塗るだけで、猿の毛づくろいのように一族の仲間にすることは一切ない。あくまでも自分は自分である。

この時期には彼らがどこで寝るのかははっきりしなかったが、この池の周辺に生い茂った葦や蒲の麓だろうと思われた。彼らの動きから判断して、巣を築く場所を探しているようだった。それから、一週間程して、湖の中ほどで岸辺に近い所にある、小さく盛り上がったビーバーの古巣の一つに居を構えようとしている仕草が見られた。

少し大きいほうが雄だと思われたが、外観からはどちらが雄でどちらが雌かははっきりと見分けがつかなかった。時には単独で、時には夫婦揃って小さな狭いビーバーの古い巣の上によじ登り、巧みに両足と嘴を使って表面を掻き分け、平坦にしているのだった。巣の近くから枯れ草、木屑、草をくわえて来て、折れた葦の髄や木片を混ぜ合わせたものを敷きつめて、ビーバーの古巣を拡張しているようであった。このような彼らの動作はきっと巣を作っているに違いない。彼らはこの湖に居つく準備をしているのだと僕は思った。

巣作りは数日で終わったようで、この白鳥の夫婦はそこを昼間は休憩所に用い、夜間は寝ぐらにした。僕は本当に嬉しかった。これできっと彼らの大空を飛ぶ姿を撮れるという思いが体中を走った。

僕は彼らの行動をこの巣の近くの枯れ草の間から眺め、シャッターの音を消し、出来るだけ多くの写真を撮った。はじめのうちは、僕が一寸でも巣に近づくとそれに気付き、逃げ出すように巣を離れていたが、日が経つにつれ、次第に慣れてきたのか、こいつは害を及ぼす様子がないと分かったのか、僕の存在をあまり気にしないようになった。僕も僕なりに出来るだけ気を使い、彼らを刺激しないよう心掛けた。場所柄、昼間でもここはあまり人通りが少ないのは幸いであった。

かくして巣の構築は一応完成した。この白鳥の夫婦は実に仲良く、毎日、起きると相連れて遠出をした。水草や藻を貪るように食べ、それが終わると定期的に巣にもどっては休養し、太陽が地平線に隠れる頃になると共に巣に登り就寝した。彼らは一応完成した巣を毎日のように少しずつ更に補強し拡張しているようだった。

春近しとはいえ、湖にはまだ冷たい風が吹きすさび、周辺の緑色もまばらで、昼間でも湖には他の動物の影はほとんど見られなかった。時には小雪が舞い、カメラを持つ手の指の感覚が無くなるくらい寒い日さえあった。が、ほんの時たま、全く無風となり、さざ波も立たない湖面は鏡のように、白い浮雲の下で休む白鳥の姿をそっくりそのまま水面に映し出すのであった。なんと平和で優雅な姿、僕はそんな光景をうっとりと眺めていた。

湖に飛来した瘤白鳥の夫婦。左が雄で右が雌。少し大きさが違う。

湖に残されたビーバーの巣を自分たちの巣に改造しようとし、周辺の葦や雑草をくわえてきて補強をはじめる。巣は次第に水面より高くなり、大きくなる。巣作りは夫婦共同の仕事だ。

25　定着と巣作り

産卵、そして孵化

そうこうするうちに五月に入り、ゴルフのシーズンが始まり、ぼくは湖の近くのゴルフ場を頻繁に訪れるようになった。寒さはやや遠のき、日差しも少しずつ春らしくなっていった。ロビンや野鳩なども何処からか帰ってきて、その囀りが聞こえ始めた。足の長いサンドパイパーという野鳥も帰ってきた。残雪や氷は溶けて潅木や雑草にも新緑の青みが目立ち、枯れ萎れたようになっていた葦や蒲にも新芽が伸び始めた。待ちに待った春がようやく訪れた。僕はゴルフをする前後には欠さず、この白鳥たちの巣を訪れ、彼らの動向を見守った。

そしてある日、正確には四月二十五日、一羽の白鳥がじっと巣の真ん中に座り込み、めったに動かないことに気付いた。おや、これは、という気がして日を置かずに巣を訪れるようにした。やはりこの一羽の白鳥は巣を離れる気配が全くない。そして間もなく、それが産卵をしたためだと分かった。何時どこで受精したのか、まったく想像もつかなかった。僕は岸辺の潅木に隠れ、枯れ草の上に座りこみ、その白鳥を望遠で観察し続けた。そして瞬間だが遂にその白鳥が抱いている卵を目にした。少し褐色がかった白い卵だった。少なくても六個？　いや、七個かも知れない。

その白鳥は時折、それも本当に時折だが、抱いている卵の位置を足や嘴で転がすようにして変えるのである。座ったままで後ずさりをしてそうすることもあるが、立ち上がって丁寧に嘴で卵を転がすこともある。

一方の雄は昼間はほとんど巣から離れ、巣の上のことは他人事の風体で水草を食べ続けているようだった。巣に近づくこともあるが、一般に言われるように、夫婦が交替して抱卵する様子は、この番いの白鳥に限っては一度も目にすることはなかった。

雄は一日中餌を食べているが、抱卵中の雌は、腹が空くと温めている卵に枯草や短い葦の茎を丁寧に被せ、外からほとんど卵が見えないようにしておいてから巣を離れ、その近辺で水を飲んだり水草や藻を漁ったりしているようだった。

実に注意深い。雌は二、三十分で巣に戻ると、卵を被せた草木を丁寧に掻き分けて除き、再び抱卵を続けた。この隙に望遠で確かめた卵の数は正確に七個あった。これだけの数の卵を、冷たい外気に触れないように抱きかかえ、抱卵を続けることは大変な仕事だ。辛抱のいる仕事だ。

時たま巣に這い上がった雄は、卵を抱く雌のすぐ横で丹念に羽づくろいするか、さもなければ巣の修復か拡張に従事していた。だが卵を抱こうとはしなかった。雌が抱卵中でも雄は巣をこつこつと補強し雛の到来の準備に余念がなかった。当初は水面より少しばかり高かった巣は随分盛り上がり、広くなっていた。

この白鳥の雄は、どういうわけか白い首に茶色の錆のような色が付いていたので識別しやすかった。またごく僅かではあるが、雄のほうが雌より一回り体が大きかった。成熟したこの種の白鳥は嘴が真赤に近く、足はほぼ真っ黒で巨大な水掻きがある。鼻先にある黒い瘤は平坦ではなく、不規則な小さい凸凹があった。休んでいる白鳥は、首が疲れるからだろうか長い首を体に巻きつけるようにしてうずくまっている。このような習性は鶴や雁などにも見られる。これは、幼い雛たちも早期に習得する習性である。

雄は暇である。湖の端々までゆっくりと周遊したり、時折思いついたように急に湖から飛び立ち、どこかに消え失せてしまうこともある。そんな時でも、しばらくすると必ず同じ場所に還ってくるのである。この短時間の飛行は雄の退屈しのぎかもしれないが、後から考えてみると、後日の子育てのために、この湖やその周辺の地形などを探索、調査をしていたのかも知れない。僕は偶然に、この湖から一キロほど離れた溜め池に浮んでいる単独の白鳥を目にしたことがある。それがこの雄白鳥であったという確証はないが、おそらくあのスワンレイクの白鳥だったと思う。

このほんの時たまにしか訪れない飛翔の瞬間を捉えようとカメラを白鳥に向けて待ちに待ち、どれほどの時間を費やしただろうか。しかし、こうして辛抱強く観察し、飛翔の機会を待っていると、白鳥が飛び始める際に見せる特有の動作が掴めてきた。彼らは、飛び出す直前に長い首を真っ直ぐ前方に伸ばし、嘴を何回か上下に振り、同時に尻尾を左右に素早く振る。このウォーミングアップが終わると巨大な羽を全開し、羽ばたきながら豪快に飛沫を飛ばし湖面を滑水する。滑走は常に風に向かって行われた。このような習性はどの水鳥にもいささか共通しているように思われる。この経験は後日、この白鳥一家の飛翔撮影に大いに役立った。

さて、雌が湖岸に近い巣で抱卵し、雄は巣を離れることが多くなったところで、僕には一つ心配なことができた。それはこのゴルフ場の近くにコヨーテ（cayote）という動物がいることを知ったからである。

この動物は犬と狼の合いの子のような野生の肉食動物で、鳥、野兎や小さい飼い犬などを襲って食べてしまう。あまり好かれていない存在なのである。僕が見守っている白鳥の巣は、湖岸から少し離れてはいるものの、水際から手を伸ばせば届きそうな距離にある。水位が低い時、白鳥たちが寝ている夜中にコヨーテなどに襲われたら逃げるチャンスは全くない。だから同類の鶴などは陸上でなく、湖か湿地の浅瀬に立ったままで寝るのである。少し前のことだが、僕の家の裏の池で巣を作っていたカナダ雁《ガン》がある晩コヨーテに襲われ、悲壮な叫び声とともに食われてしまったことがあった。これはどうにかしなければならないと強く感じた。よく野生の動物には人工的な世話を焼くなというが、この可憐な白鳥たちの曝《さら》されている危険を思うと矢も盾もたまらなくなり、日ごろ顔見知りのゴルフ場の整備に携わるメキシコ人に、岸と巣の間に保護網を張ってもらうよう頼みこんだ。この池は彼らの責任外の区域なのだか、彼らは僕の無理と思われる頼みに快く応じ、腰まで水に漬かってコヨーテなどが岸から白鳥を襲えないようにしてくれた。こんな親切な彼らには感謝のしようがない。なんという心暖かいアミーゴ（amigo）たちだろう。巣の近くに保護網を張る作業中、白鳥たちは少し緊張し、警戒したように見えたものの、卵を抱く母親は巣を離れようとはしなかったし、雄は何事もないかのようにいつもどおり巣の周辺で時を過ごしていた。こんなことを言うのもなんだが、白鳥が彼らから逃げないのはこちらの気持ちがある程度通じたからかもしれない。そして僕はほとんど毎日のように彼らの安全を確認し、撮影には邪魔となった防護網の隙間から、写真を撮りつつ卵が孵化するのを待ち続けた。雨の日も、風の日も、ときには粉雪の散らつく日も。自然には逆らえないとはいえ、それは辛抱の要る長い時間だった。この雌だけによる白鳥の抱卵は事なく、根気よく続き、そして七羽の雛の姿が見られたのは五月二十二日、三週間を越す長い抱卵だった。僕は本当に嬉しかった。自分のことのように。かくして、この湖における白鳥たちの子育てがはじまった。

鏡のような湖に影を映す白鳥の優雅な姿。空には真っ白な綿のような雲がなびき、白鳥は西に傾いた太陽の光を受け、お伽の国の絵のように美しかった。

上：産卵した白鳥が巣の上に座り込み抱卵をはじめる。
下：抱卵はこの白鳥の夫婦間では雌のみによってなされ、雄は巣に近づいたり、ときには巣に上がってくるが、交代して卵を温めることは全くしなかった。

抱卵中、雌は空腹になると丁寧に注意深く卵を葦や蒲の穂で覆い、外から卵が見えないようにして〔下〕、巣から湖に出て水草を食べたり、水を飲んだりする。決して長く巣を留守にしない。

抱卵中の白鳥は時折、嘴や足で卵を転がて卵の位置を変える。これは完全に雌の仕事で、雄は全く関与しない。どれくらいの頻度でこれをするのかは見定めることは出来なかった。30 日を越す抱卵は本当に辛抱のいる仕事だ。

岸と巣の間に野生動物の脅威を防ぐために安全網を張ってくれるゴルフ場の職員たち。このようにごく近くで作業をしても卵を抱く白鳥は巣から離れようとはしない（この保護網設立が白鳥の生活への唯一の人手介入だった）。

白鳥の常食する水草や藻は Submerged Aquatic Vegetation (SAV) と呼ばれ、池や川のエコシステムの維持に大きな役割を果たす。これを白鳥が食べ過ぎるというのでアメリカの一部分の州では白鳥を殺害する環境保護政策が実施されているところもある。日本のビデオで田圃に巣を作った白鳥の家族が、池や水田に水草が無く、田圃の雑草を泥にまみれて食べている映像をみたことがある。何とかわいそうなことだろう。

子育てのはじまり

スワンレイクの番いの白鳥に、かわいい雛七羽が加わり、一夜にして総計九羽の大家族となった。孵《かえ》りたての雛たちの産毛は黄色がかった灰色で、嘴はやや黒く、ヒヨコに似た大きさで首は短かった。雛が生まれると、白鳥の子育てはすべて夫婦共同で行われた。両親は雛たちにほとんどつきっきりだった。

まず、巣の上に散らばる孵化した卵の殻の掃除を始め、嘴で器用にかつ丁寧に汚物などを取り除いた。そして、付近から口に銜えて集めてきた枯れ草や葦の茎などで巣を更に補強した。雄が巣の補修をしている間、寒さをしのぐため母親は常に七匹の雛を羽の下に抱きかかえていた。活発に動く雛たちは、ともすると母親の羽の下からはみ出してしまい、その時は必死にもがいてもとのところにもぐり込んでいた。こんな様子が堪《たま》らなくかわいいのだろう。母親は慈愛のこもった眼差しで見守っている。少なくとも僕にはそのように感じられた。面白いことに、白鳥の親は猫や犬のように子供を口で銜えたり足で掴んで運ぶというようなことは一切しない。雛はすべて自分の力で動くのである。こうなってくると、どうしても父親は自分のネグラを取られてしまい、仕方なく、夜も昼も巣の外で暮らさざるをえない羽目になってしまった。水上で休み、水上で寝るのである。気の毒に思えるが仕方ない。

こうなって僕が一番知りたかったことは、一体、白鳥という水鳥は生後の雛にどのようにして餌を与えるのだろうかということだった。雀や燕は親が銜えてきた餌を雛たちの大きく開いた口に入れ食べさせるのだが、白鳥は自分が銜えてきた餌を直に雛の口に入れてやるようなことは全くしないのだ。

生まれた次の日から、雛たちはまだまともに歩けもしないのに、這うように、時には転ぶようにして体をねじりながら、自分で巣から湖に滑りこむ。一旦水に入ると、水を得た魚の如く、雛たちは驚くほどうまく泳げる。彼らの足は体の大きさに似ず大きく頑丈そうで、すでに立派な水掻きがついていた。でも巣から水への登り下りには非常に苦労しているようだった。

雛たちが巣を離れて水面にいる間、両親は彼らのごく近くで、注意深く見守っていた。

しかし手は一切貸さなかった。それでも、雛たちは生まれて一日目から水面に浮かぶ水草の小片のようなものを小さく黒ずんだ嘴でうまく拾い、水とともに飲みこむようにして食べることができるのであった。

はじめは巣のごく近くで一家が塊るようにして餌を食べていたが、日が経つにつれ、親子は次第に巣から離れるようになる。その行き帰りに、雛がそれこそ懸命に親に遅れまいと水を掻くのがよく見えた。少し離れた餌場への往復はいつも家族全員がまっすぐ一列に並び、両親が列の前後について、ゆっくりと移動するのである。雛たちは勿論一生懸命、足を動かし水面下を掻いているのだが。

写真集などでは、親が子白鳥を背中に乗せて移動する光景を目にすることがあるが、この白鳥の家族に限っては、親が雛を自分の背中に乗せて移動するのを見たことがなかった。雛が七羽と多すぎたためかも知れない。面白いことに、家族が餌を食べるのに費やす時間は発育の時期を問わず、毎回ほぼ一定で、何かの合図で、全員が食べるのをやめて、また一列になって巣に帰っていくのである。

この時期、餌場への移動は、いつも両親が先頭と後端に位置して、それを一日中何回も繰り返す。一列に並ぶというのは雛が全員いるかどうかを確かめるためだろうと思えた。

数えているとすれば、白鳥はどのようにして子供の数を数えるのだろうか。また、どうして個々の雛を見分けるのだろうか。

このことを考えていて僕は面白いことに気がついた。生まれて暫くの間は白鳥の雛たちが移動する際には必ず真っ直ぐな一列編隊をなして泳ぐのだが、少し育ってくると、その正確な一列編隊が少しずつ崩れてくる。そして必ずしも親が列の前後に位置するとは限らなくなる。これは僕の推測であるが、多分、親たちはそれぞれの子供たちを覚えてしまい、子たちの数を確認するのに便利な一列編隊の必要が次第になくなるからではないだろうか。

食事が終わり巣に帰ると、雛たちはいつも苦労して巣に這い上がり、母親のすぐ横か、羽根の下にもぐりこんで休みをとる。父親は巣にほとんど上がらず、湖上から、家族を見守っているようだった。

いつも決まって三十分くらいの休息をとると、母親がまず水に戻り、それが合図のようになって、雛たちがその後に続く。そして例の編隊を組む。こんなことを毎日、何回か繰り返し、白鳥の子育ては順調に進んだ。

この時期は、ただ食べては休み、休んでは食べて寝るだけの生活のようであった。この間、親は一体なにを考えているのだろう。ただその日その日のことか、あるいは子育ての将来のことか。きっと後者だろうと僕は思う。僕は、二人の我が子の子育てを白鳥たちの子育てに重ね合わせていた。あれこれ心配し、気をくばった日々が思い出された。

親たちは、また雛たちの栄養のことなども考えているに違いなかった。日によって食べる場所を何回か変え、違った種類の水草や藻を探し、栄養のバランスを計っているようだった。それを証明する面白い現象を目にした。白鳥の主食は淡水中にのみ育つ水草と藻である。しかし巣の周辺に浮いている水草だけでは雛たちの発育に必要なすべての栄養分が含まれているとは限らないだろう。その為か、ある時期がくると、親は時折、雛たちを辺鄙な岸辺に連れて行くのだ。先頭を泳ぐのはいつも父親で、何処にいくかを決めているようだった。

そして一旦場所を決めると、両親が共同で沼の浅瀬に生える新緑の葦の根のあたりを自分たちの両足で繰り返し強く踏み込み、さらに嘴で湖の底をかき回し、泡や底の泥とともに浮きあがる水草の根や、正体の分からない塊のようなものを雛たちに食べさせるのである。それは間違いなく発育に必要な多種多様の栄養物を雛たちに食べさせる動作に違いなかった。こんなことは今まで、見たこと聞いたこともない。僕は全く感心し、驚いた。しかし親たちは必要な栄養素を含む食物のある場所を知っており、それらを掘り出してやっているに違いなかった。そこまでは親の責任だが、それを食べるか食べないかは雛次第だ。雛たちは自分でそれらを食べなければ、だれも食べ物を口に入れてはくれないのだ。本当に何を食べさせているのか聞きたいものである。昔、ある国立公園で、鹿の一族が子供たちを定期的に塩を含んだ泥沼に連れていき、体に必要な塩の補給をするのを見たことがある。それによく似た親の心配りだろう。

このようにして子育ては進み、食べることに費やす時間は次第に長くなり、朝早くから夕方陽が沈むまで、めったに巣に帰らなくなった。食間の休憩は岸辺の葦の淵や、浅瀬あるいは橋桁の麓でとるようになっていた。それでも湖で水草を貪る時間は一回につき、最高一時間足らずで、それがすむと必ず決まって半時間くらいの休憩時間をとっていた。それは完全に雛たちの体力の限界と生活ペースに合わせた活動だった。

日が沈みかけ、今日はこれまでと親が決めると、家族全員がひと塊になって、あるいは、一列に並び、燃えるような赤い夕陽を背景に水面を滑る様に、しずしずと巣に向った。白鳥たちが掻き分ける水の航跡は沈みゆく夕陽にきらめき、葦の向こうから登る満月とあいまって、まるで絵本の中のお伽の国か夢の国のようだった。幾度となく繰り返されるその光景を僕は飽かず眺めていた。

卵から孵化した雛たち。一日目から活発に動き、親に甘えるような仕草を見せる。声は聞こえないがなにか言い合っているようだ。水を眺めている雛や母親の羽の下に潜りこもうとする雛もいる。生まれたての雛は羽が黄色がかった茶色で鴨の雛に似ている。

外はまだ寒い。七羽の雛を羽下に抱える白鳥の親は、
雛が多すぎて全員を抱え込むのは大変なようだった。

孵化した雛たちはその日、あるいはその翌日から湖に転げ落ちるように入り、すぐに泳ぐようになる。孵化した時から立派（本当に）な水掻きがあり、ひと塊になって両親の後ろに続き、巣の周辺を泳ぐ。そして水に浮かんだ餌（水草の破片）を親の助けなしに自分で食べ始める。孵化した雛の毛はまだ黄色かかった薄茶色だが、数日で白くなる。これ以後の育児は全て両親が行い一瞬も目をはなさない。これから飛べるようになるまでの長いひと夏をかけての子育てが始まる。

通常、雛たちは湖に浮いている水草の破片などを小さな嘴で拾い、自分で食べるが、特別な栄養分が必要と思われる際には、親が前もって探しておいたと思われる場所へ、雛たちを導き、そこで両親が両足（写真右）や嘴（写真左）で湖の底をかき回し，泡や泥とともに浮き上がる塊（特殊な栄養分だろう）を雛に食べさせる。不思議なことに、それは何時も同じ場所なのだ。両足や嘴で繰り返し、繰り返し底をかき回し、踏みつけその辺が泡で一杯になる。食べさせるものは、きっと子供の発育に欠かせないものだろう。この際親の白鳥は食べないし、子育てをしていない時にはこのような仕草をするのを見たことが無い。

51　子育てのはじまり

雛たちが大分育ってくると、その編隊に乱れを生じ、必ずしも一列ではなく、集団的になる事もあるし、また親が横に沿って移動することもある。いつもどのようにして子供の数を数えるのだろうか。名前のようなものがあるのだろうか。

湖の中を移動するとき、白鳥一家はいつも団体行動である。育児初期には必ずといっていいほど雛が一列に並び、その前後を両親が守り、その列の乱れはまずない。保護のためだろう。前日まで七羽いた雛は六羽になっている。

一列編隊の移動は子白鳥が成長してからも続いた。しかし必ずしも親が先頭ではない。背後の岸辺は夏の雑草の花ざかり。

夕闇迫る白鳥の湖。巣に帰る途中、あちこち道草を楽しみながら今日も一日が暮れる。

光に映える白鳥の姿。

59　子育てのはじまり

日が西に傾きかけ、両親を先頭にして巣に向かう白鳥一家。静かに水を掻き、起こる小波に夕陽が煌き、この上なく美しい景色だ。

すすむ子育て

夏が近づくにつれ、七羽の雛たちは目に見えて育ち、薄茶色の産毛がまだ残る体から真白い本羽が覗きはじめた。首も白鳥の子らしく少し伸びたように思えた。生まれたときには黒ずんでいた嘴が薄いピンクの色に変りはじめた。そして足はますます発育して黒味を増し、水掻きはびっくりするくらい大きくしっかりしてきた。もう雛ではなく、若鳥の様相だ。急がない時や休んでいる時は親の真似をして片足を水からもち上げ、それを体に巻き付けるようにして片足だけで泳ぐことを覚えた。滑稽な姿が力の節約になる。

これらの発育中の雛たちの食欲は驚くべきものだ。巣の外での活動を見ていると、まだ一家揃っての団体行動で、その指令は、父親が出していると思われた。われわれには聞こえない声での指令なのか、羽など体の一部を動かすことによる指令なのか、どうしてもわからない。ただ、なにかの拍子（合図）で散らばっている全員がほとんど同時にぱっと食べるのをやめ、一か所に集まり、編隊をなして次ぎの場所に移動しはじめるのである。ほとんど親が先導する。奇妙なことに、この頃、どうしてか分からないが、親のどちらか一羽が急に群れから離れ、とんでもない遠いところへ単独で泳いで行ってしまうことがあった。また、同じようにどちらか一羽（多分雄と思われる）が急に家族を残して、湖から飛び立ち、夕方まで還ってこないこともあった。一体、どこに行くのだろうか、奇妙な行動である。多分、将来の行動範囲拡張の準備か近辺の偵察かなにかだろう。その間、残る家族は全く平常のままである。子白鳥を残して両親だけがどこかに行ってしまうことは絶対ない。またこの頃から、白鳥一家は食事と食事の間に巣には戻らず、岸辺で憩いをとることが多くなった。巣に帰るのが面倒なのだろうが、あまり安全なことではない。雛を狙う野生の動物がどこにいるかも知れないからだ。

時は過ぎ、スワンレイクに蒸し暑い夏が訪れ、僕は水筒を片手にあいかわらず湖に通い続けていた。よく人生一寸先は闇というけれど、白鳥の世界でもかわりはない。明日は何が起こるかわからない。

それは雨雲の低く垂れた日だった。夜中にかなりの雷雨を伴う嵐があった翌日、湖に行ってみると、昨日まで確かに七羽いた雛が六羽しかいないではないか。びっくりしてあちこち探してみたが、やはり六羽しかいない。でも白鳥一家は何事もなかったようにいつもの一列編隊で航行してここかしこの餌場で水草を貪《むさぼ》っていた。どうやら一夜のうちに雛一羽を失ったようである。野生の動物に食われたのかと思ったが、それにしては散らばった羽の痕跡もない。昨夜の雷雨にともなった湖の増水で、何処かへ流されてしまったのだろうか。まさか病死でもなかろう。昨日まであれだけ全員元気でいたのに全く予期せぬことだった。しかしこのようなことは野生の動物にはよくあることである。そのために多くの野生動物は多産なのかもしれない。

子育て中の多くの野生動物がそうであるように、白鳥も他の白鳥や水鳥たちが自分たちの領地に侵入するのを許さない。鴨や雁などが何気なしに白鳥の巣の近くに着水すると、両親はどこにいても急いでもどり、すさまじい剣幕で首先を尖らし、羽を広げ体当たりするかのようにして侵入者を追い払ってしまう。大抵の侵入者はその気迫に恐れをなし、そうそうに逃げ去るのだけれど、なかには抵抗して争うものもいる。僕が実際に見た一羽の鴨は、追えども追えども一寸飛び立っては、またすぐ近くに着水して居座り続けた。ここは自分の湖でもあると主張しているかのようだ。白鳥たちは夫婦して容赦なく、執拗に攻撃を繰り返し、それこそまさに水上合戦のように白い水しぶきをあげて攻め続けた。そのときの羽ばたきの音はすさまじい。そして遂に侵入者を湖から追い払ってしまったのである。記録によれば、子育て中の白鳥は人間、犬、猫をも攻撃するという。このような白鳥の襲撃をうけて怪我をした人もいるそうである。しかし、白鳥でも子育ての時期が過ぎると、このような識列《しれつ》な領地独占欲は無くなるようである。場所により、多数の白鳥が共住しているような所（Stanley Park や多くの日本の湖など）では、このような領地争いはあまり見られないのかもしれない。共同生活を習うのだろう。僕が観察していた子育て中のこの白鳥の領地独占欲には本当に驚かされた。文献によると、白鳥の中でもこの種の白鳥は領地占有性が特に強いとのことである。さもあるらん。しかし白鳥の領地占有欲は他の類似の水鳥に対してだけであって、同じ湖に住む他の種類の動物、例えばビーバーや姿形がビーバーに似たヌートリア、亀などの存在には全く無関心である。競争相手とはみなさないようだ。彼らが巣のすぐ横を泳いでも、なに知らぬ顔だった。白鳥はまた百パーセント草食動物で鷺などの魚を主食にする水鳥とはあまり領地問題を争うことは無いようだった。彼らは白鳥の接近ですばやく飛び去ってしまうからだろう。

やがて夏も盛りを過ぎ、多くの燕が餌を求めて湖面すれすれに飛びまわり、岸辺には野草がバランスのとれた配置をみせ、赤、白、黄、紫の花が咲き乱れていた。そしてそれらの花にはこれまた色とりどりの蝶や昆虫が戯れていた。

この辺で育つ白鳥には秋まで絶対習得しなければならない大切なことが残っている。それは飛ぶことである。しかも編隊で飛翔することである。この辺りに飛来した白鳥は、冬が訪れる前に暖かい南の地へ家族とともに渡って行かなければならないからである。北米のこの地方の冬はとても寒く、氷点下摂氏数十度になることも稀ではない。湖や川の水はすべて凍ってしまい、それが更に雪に覆《おお》われ、唯一の餌である水草が食べられなくなる。そのため春先に生まれた雛たちも冬将軍の到来前に飛ぶこと、それも編隊で飛ぶことを習得しなければならない。暖かい南に移るのは十月半ば頃である。白鳥の子たちはそのように飛ぶことをどのようにして習うのだろうか。

夏が近づくと春先に生まれた白鳥の子供たちは目に見えて大きさを増し、首も伸びて外形は親に似た姿になってくる。薄茶色の産毛はほとんど落ち、真っ白い本羽がくっきり目立って大きくなる。足や水掻きの発達はもう親並みで、泳ぎには余裕があるが歩くのは苦手のようである。〝頭でっかち〟ならぬ〝足でっかち〟とでも言ったら良いのだろうか。周辺では同じ頃に生まれた早手の雁や鴨の子達が既に飛ぶことを覚えていた。時の経つのは早いものだ。

子育て中の白鳥は異常なほど領地占有欲を示す。特に同類の水鳥に対しては強烈である。この広い白鳥の湖、多分何組もの白鳥や雁を受け入れられる広さがあるにもかかわらず、自分たち以外の水鳥を全く受け入れない。しかし、水鳥以外の動物に対しては驚くほど寛容である。このヌートリアと呼ばれるビーバーに似た動物など、巣のごく近くを泳ぎ、横切っても彼らは無関心だった。

子白鳥の習得する奇妙な習性の一つは片足を使わずに泳いだり、休んだりすることだろう。器用に片足を持ち上げて（右、左は決まっていない）、だらんと体の上に置き、残った片足のみで用を足す。エネルギーの節約か。全員が同じような仕草で行動するのは見た目には非常に奇妙で微笑ましい光景だ。左の写真ではそんな奇妙な姿勢で嘴を水中に突っ込み、水草を漁っている。

67　すすむ子育て

通常、白鳥たちは休養する時や寝る時は自分たちの巣に帰るのだが、発育するにつれて時折、巣には帰らず岸辺の淵や湖畔に憩いをとることがある。まだ飛べないし、そんなところで動物に襲われたら、逃げ遅れるに違いない。これは多分、規則に違反した行動にちがいない。右は産毛を失い、肌があらわで本羽が微かに見える少年期の白鳥。

ほぼ成長した子白鳥の容姿。
ほとんど親と変わらないくらい大きくなっているが、嘴がややピンクで鼻の上の瘤がまだはっきりと膨れていない。羽はもう立派に一人前に生え育ち親と同様に飛翔できる。

飛翔レッスン

夏に入ったある日の午後、ぼくは偶然にも親白鳥が子供たちにどのようにして飛ぶ第一歩を教えるのかを目にした。風も弱く、少し曇った日だったが、雲の切れ目から暖かい太陽が覗いていた。湖面は平静だった。まだまだ、大人のサイズに達していない今春生まれた白鳥の子供たちがいつものように食事を終え、例によって一列に並び、休憩をとるため巣に向かって泳いでいるときのことだった。列から少し離れた親からなんらかの合図があったのか、一羽の白鳥の子が、まだ未熟な白い短い羽を力いっぱい羽ばたかせながら、突然早足で水上を走りだしたのである。その助走距離は十──二十メートル位のものであった。そしてそれが終わると、別の白鳥の子が同様に走り、一羽ずつ次々とそれを真似するように走り出した。そして最後に全員が一列に並び揃って同じ動作を繰り返した。その間、親白鳥は列を離れ、じっと監視するようにその仕草を見ていた。満足げだった。まったくあっという間のできごとだったが、それは〝走る前に歩け、そして飛ぶ前に走れ〟という教訓そのままの動作である。

飛び始めの助走練習はその後何度も繰り返され、時にはジグザグと曲線的な走り方もした。この練習はいつもグループで行われた。一列に並んだ白鳥の一族が右に回り、左に回りつつこの練習を繰り返す様子は一見、見事でもあり滑稽でもある。

これを契機として、白鳥の子たちは水面に背伸びし、立ち上がるような姿勢で羽をばたばた振るようになった。飛びたくてむずむずしているようだった。しかし親のような本格的な翼はまだ十分には発達していないようだ。

そして夏も半ばに差しかかった頃、まだぎこちない白鳥の子供たちのソロ飛行の練習がはじまった。この時期になると子白鳥の翼も十分に発育し、雪のように真っ白で頼もしくなってきた。彼らは機会を捉え、背伸びするように、また欠伸をするように体を水から浮かし、羽を大きく広げて何回か羽ばたく仕草をしていた。その動作は水上でも陸でも、また何羽かのグループでも繰り返し行われた。

その日は生ぬるい夏の風が湖にたなびいていた。親に引き連れられた白鳥の子供たちはゆっくりと湖に泳ぎ出し、ほぼ中央あたりまで来ると停止した。しばらく全員が風に向かって並び何事かとうろうろしているかに見えた。すると両親が子供たちの前に出た。湖にはわずかに漣《さざなみ》が立っていた。あっと思った瞬間、嘴が真っ赤な親鳥が一羽、ものすごい勢いで風にむかって走り始め、飛沫をとばしながら力強く水面を蹴り、二十―三十メートル滑走するとさっと空中に舞い上がったのである。それに続いてもう一羽の親鳥が同じように勢いよく離水した。明らかに両親によるデモ飛行だ。遂に飛翔を教える瞬間が訪れたのである。

残された白鳥の子供たちはそれを見て、しばらくとまどっていたが、やがて意を決し一羽、二羽と親の後を追いはじめた。成長した白い羽を思い切り羽ばたかせ、親より少し長い滑走の後、わずかながら離水したが、すぐに着水した。随分、決心の要ることだったに違いない。

僕は繰り返し繰り返し行う彼らの飛翔練習を撮り続けた。望遠で捉えた離水しようとする白鳥の真剣な眼差しは表現しがたいくらい美しく頼もしかった。しかし、なかには滑走するだけで、うまく離水できない子白鳥もいた。

その後、このような単独飛行の練習は何回も、日を変え、場所を替えて繰り返し行われた。練習はいつも単独でなく団体行動であった。多分、将来の編隊飛翔を心してだろう。

限られた広さの湖から飛び立つのは簡単ではない。湖のどの地点から飛び出すのかを決めるのも組織的だった。いつも岸から風下に向かってゆっくりと団体で泳ぎ、何回も岸を振り向き振り向き、風速や湖の端までの距離を見極めるようにして、ここぞという出発点を決めるのである。非常に慎重だ。離水せぬうちに滑走路が尽き、岸にぶつかっては大変だということを教えているようだった。

この慎重さには全く感心した。始めのうちは離水しても水面ぎりぎりの高さ（二、三メートル）しか飛ぶことしかできず、着水するや否やすぐ回れ右をして、もとの位置にもどってきた。出発寸前の白鳥の子たちの緊迫した表情、目はキョトンとしているが、心臓はきっと張り裂けんばかりに緊張していたことだろう。両足の水掻きで水面を力一杯蹴り、懸命に走って離水しようとしている若い白鳥たちの真剣な姿は本当に頼もしかった。

僕は以前、父親を失った小鴨が母鳥の手で育てられ、親一人、子一人で飛翔訓練をしているのを見たことがある。それは僕の家の裏手にある池でのことだった。鴨の子が生まれると、まもなくどういう訳かわからないが、父親がいなくなり、母親一人で子育てをすることになったのである。この様子を僕は毎日、自分の部屋から窓越しに眺めていた。やがて飛ばねばならない時期に達したとき、母親が先に岸辺から滑走、離水を二、三回示しただけで、子鴨はいとも簡単に母鴨とともに何処かへ飛び去ってしまったのである。あっという間のなんの苦労も無い飛翔だった。その時は水鳥は本能的に飛ぶことを知っているのだろうと思った。だから白鳥たちの組織的な飛翔練習には全く感心の至りであった。その教え方は人間以上である。僕はふと子供に自転車乗りを教える親の心配そうな顔と、初めて親の手を離れてうまく乗れた時の子供の緊張に喜びの加わった表情を想い出していた。

さて、こうして六羽の白鳥の子たちはすべて単独では飛べるようになった。発育は更に進み、巣から餌場までの往復はほとんどの場合、一列になって移動するのだけれども、先頭を泳ぐのは必ずしも親ではなくなり、どう選ばれるのか分からないが先導を子白鳥が受け持つ様になった。

また、日によって巣から低空飛行し、あるいは水上を滑走して直接餌場にやって来ることもある。それは全長がゆうに三、四百メートル以上ある湖での移動時間を節約するためだったのかも知れないが、僕にはそれが、これほど上手く飛べるぞという自慢に満ちた仕草のように思えた。餌場でも家族全員が前のように群れるのでなく、相当に広い範囲にちりぢりばらばらに広がり、それぞれのペースで位置を替え、場所を替え水草を食べるようになる。なかには食べずにぼんやりと休んでいるものもいる。子たちに次第に独立心ができていくのだろうか。でも、巣に戻るときは誰が合図をするともなく、必ず一列（またはそれに近い）編隊を組み、ゆっくりと途中あちこち道草をしながら巣に戻るのである。実にほほえましい白鳥一家だ。

白鳥たちは元の巣を最後の最後まで完全には放棄することはなかった。しかし若鳥たちが発育するに従い、最初の巣では家族全員を収容するには小さすぎるようになってしまい、いつの間にか葦や雑草の濃く茂った岸辺に適当な場所を見つけ、そこで休んだり床をとるようになっていった。巣の拡張や増築といった手間のかかることはせず、所かまわず糞をし、体を清掃した羽を散らかしたままにしているので、誰にでも簡単に分かる。不思議と仮寝の巣では前のように清掃しないのだ。そうなれば野生の動物に狙われる可能性も高まるがどうしようもない。

この時期には、彼らはよく巣の場所を替える。このような白鳥の発育生態を僕は根気よく、あるときは岸辺から、あるときは橋の上などから観察し記録し続けた。勿論、望遠レンズのついた連写カメラを手にしてである。そうして出来るだけ詳細に日記をつけた。

これは僕の錯覚かもしれないが、日が経つにつれて、なにか僕とこの白鳥一家との間に感情的なラポート（心のつながり）を覚えるようになっていったように思う。橋の上からなど、ほんの少ししか離れていない近距離で目と目が合うと、その眼差しに、何か特別な親しみを感じてしまうようになってきた。そのためか、白鳥たちはもう僕から逃げようとはしないし、写真も非常に撮り易くなっていった。近くでみる親の白鳥のあの一見、獰猛《どうもう》そうな表情も、よく観れば可愛いく見えた。痘痕《あばた》も笑窪《えくぼ》か。嘴の上の真黒な瘤のような塊の奥から僕を見つめる小さな黒い瞳に光がキラリと反射した時、何ともいえぬ優しさと親近感を感じた。

これに反し、子白鳥たちは僕の存在にはほとんど無関心で「お前、ちょっとうるさい奴だな」と云わんばかりに眺めているようだ。彼らが春先には卵だったことを思うと、「まあよく、ここまで成長したな」と、言ってやりたかった。

それでも黒味が薄れ紅色が目立つようになった嘴や、目立って長くなってきた首、真っ白に発達した羽などは、もう立派なティーン・エイジャー（teen agers）だった。だが、編隊で飛べないうちは本当の意味で一人前とは言えない。

もう一つ、僕が彼らの成長を眺めていて非常に感心したのは、これだけの大家族でありながら、お互いが争いのようなことをするのは一回も目にしたことが無いことである。同じ水鳥でも、鴨や雁などは、すぐ仲直りをするが、よく喧嘩もする。嘴で相手を突いたり、体当たりをしたりするのは日常茶飯事である。

白鳥はどうして家族内で争いごとをしないのだろう。広い湖を一家で独占し、豊富な水草に恵まれているからだろうか。〝衣食足りて礼節を知る〟ということか。食べるときでも、狭い巣のなかでも、あるいは集団で泳ぐときでも、巣で寝るときでも決して争う様子を見ることはなかった。これに対し、僕ら人間はたった四人の兄弟でもよく喧嘩し、母親を困惑させた。そんな子供時代のことが思い出され、ちょっと自分が恥ずかしくなった。

白鳥たちの一見無声のコミュニケーションの能力もすばらしいようだ。多分、特別な音波でよく話しているのだろう。白鳥の発育過程や生活活動を眺めていて、もし彼らの喋る言葉を、理解できればなんと面白いことだろうと思った。親白鳥のすばらしい統率力、親子の絶え間ない意思疎通の動作（interactions）、それから時折、声は聞こえないがかすかに開閉する嘴や体の動きなどから判断して、彼らには我々には聞こえない波長の独自の言葉がきっとあるに違いない。

白鳥の子供たちは飛ぶ前に走ることを学ぶ。例の一列編隊で航行している時、急に親の白鳥が隊列から離れ、なにかの合図を出すと、子の白鳥がまだ十分に発達していない羽を力一杯ふり、足で水を蹴って飛沫を飛ばしつつ、水上を走り始めるのである。最初は一羽ずつ、次第にグループで駆け回る。相当なスピードだ。真っ直ぐに、時にはジグザクに走る。常に団体行動である。親はそれを側面からじっと見つめている。飛ぶ前に走れということだろう。こんなこと、見た事も聞いた事もない。しかし非常に理にかなった行動だ。

真剣な表情で必死に水上を走る白鳥の子。飛翔のための助走には強力な脚（あし）と水掻きの動きが求められる。

この一家の白鳥の子たちは成長し、成熟した羽も十分立派に生え揃い、もう飛びたくて飛びたくて仕方が無いようだ。何かにつけ、水面に立つようにして背を伸ばし、羽を大きく広げて羽ばたくようになった。それに親たちも加わり、もうそろそろ飛翔練習を始めるかといった感じだ。飛翔練習は親も交えてあくまでグループ活動である。湖上でのこの羽ばたきは羽を乾燥させる目的ではない。それは明らかに飛翔と関係している。

滑走し離水寸前の子白鳥の真剣そのものの表情。はじめて自分で空を飛ぶのはどんな感じだろう。
他の水鳥よりも体重の重い白鳥は、必要な浮力を獲得するのに秒速約 6.23 メートルの助走スピードを要する。

左から：白鳥の子の単独離水練習の様子。親白鳥のデモの後、子白鳥が一羽ずつ、水上滑走、離水の後、短距離を飛ぶ。何回も繰り返した後、2 羽、3 羽と小さなグループで飛び上がるようになる（次ページの写真参照）。

長い首を真っ直ぐに伸ばして前方を見据え、飛行機が離陸直後に車輪を機内に引き込むように、離陸するや否や両足を体と平行になるように持ち上げる。風に向かって助走するのは短い距離で必要な離水浮力を得るためである。

二羽同時に離水練習。グループ飛翔は白鳥の家族には
大切なことだ。

何ヶ月かの付き合いで親密さを増してきた白鳥。ごく近くからの撮影にもポーズをしてくれるようになった。陽の光を反射して僕を見つめる目にはこの上なく親しみが感じられる。多くのビデオで報じられているような攻撃を、決して僕にはしなかった。

謎の雲隠れ

多くの事故は予告なしに起こる。ある日ゴルフをする前、いつものように湖に出かけてみると白鳥たちの姿が全く見られないではないか。一羽もだ。びっくりして湖の周囲を隈なく回り、探してみたが、彼らの影は全くない。どうしたことだろか。これは大変なことになったと僕は思いはじめた。子白鳥たちは歩いたり泳げるようにはなったが、まだあまり遠くへは飛べないはずである。何処に行ってしまったのか、よくない想像が次々と頭を横切った。野性の動物に食われたにしては、まったく羽などが散り残されていないし、同時に八羽も食べられることはあり得ない。最悪の可能性は巣で寝ている間に、だれかに投げ網で一網打尽に捕えられて、連れ去られたことである。近頃ゴルフ場や公園などの芝の上に雁が糞をするのを防ぐために、白鳥が領地を独占する習性を利用するのが流行っているという。羽を切り、飛べないようにした白鳥を番人として放し飼いにしているという記事を読んだことがある。そのために野生の白鳥を捕らえる商売があることも。きっとそんな密猟者に捕えられたのだと思った。

あれこれ思案したあげく、僕はその町の新聞社にメールを書き、そのような仕事を商売にしているものがこの地域にあるのか、そして更に事情を詳述して、急に姿を消した白鳥を探すのに協力してほしいと頼んだ。そして、そのメールにかわいい白鳥の雛たちの写真を添付しておいた。

数日経って編集長から返事が来て、僕のこの地方の野鳥への関心に感謝し、できるだけ白鳥たちを探すのに協力しましょうと言ってくれた。手紙には地方の野鳥の保護なども新聞社の仕事の一つだと書いてあった。まもなくして、新聞に白鳥家族の消息を尋ねる記事が、かわいい雛たちの写真とともに掲載された。しかし、それからしばらく経っても白鳥の家族は姿を見せなかった。悲しかったけれど白鳥一家のことは半ば諦めかけていたものの、それでも、どうしても諦めきれず毎日のように湖に足を運んだ。

そして白鳥の家族がこつ然と姿を消してから十一日後のある朝、家族全員八羽が何の前触れもなしに、何処からともなくスワンレイクに再び姿を現したのである。それはまさに奇跡的で、神秘的な帰還だった、一体お前たち、何処へ行っていたのだ、こんなに心配させてと怒鳴りたかった。何処に行っていたのか、いまだに全く想像もつかない。よちよちと歩いて遠出をして、どこか相当遠い池か湖に迷いこんででもいたのだろうか。彼らの行動には何の拘束もない。兎にも角にも、まあ、よかったと安堵に胸を撫で下ろした。

その日は雲が低くたれ、南からの強い風で少し離れた高速道路を走る自動車の音がスピードを競《きそ》うレーシングカーのエンジンのようにうなり続けていた。還ってきた白鳥たちは、僕の気持ちなど知らぬように、何時ものように湖での生活を再開した。しかし良くない事は続くものである。丁度この頃、白鳥たちに岸や橋の上から石を投げる心無い悪童たちが目立ち、僕は腹が立ったし、悲しかった。どうしてそんなかわいそうなことをするんだと、叱ってやろうかと思ったぐらいだった。しかしその時は辛抱して一応優しく、白鳥は国の保護鳥だからいじめないようにと諭して帰ってもらった。

白鳥の主食は水草や藻（Submerged aquatic vegetation）である。幸いこの白鳥の湖は見渡す限り、いろいろな水草が豊かに生え、季節によって異なった種類のものが次々と生育する。水面近くで食べられるのもあるし、湖底に近いところまで潜らねば食べられないものもあるようだ。それらを食べるため時には、なりふりかまわぬ格好で食を楽しむ。

編隊飛翔のレッスン

夏もいよいよ終わりに近づき、朝夕に秋の気配を感じさせるようになった。白鳥たちのこの湖での滞在も残り少なくなってきた。春先にはあまり目立たなかった水草や藻も次第に新芽を伸ばし、小さな楕円の葉と、花としてはあまりパッとしない若草色の蕾を湖面にのぞかせている。水中に繁殖した藻は、澄んだ水の流れにゆらゆら揺れ、そのやわらかな芽や茎の間を銀色の腹をくねらしながら魚が泳いでいた。多分バスかブルーギルだろう。白鳥たちはこの時期、水中深く根ざす水草や藻を好むようになるようで、水草の根に嘴が届くように奇妙な姿勢で逆立をしたり、お尻を天にむけ、長い首を深く水に潜らすようになる。暫くしてもち上げた嘴には長い水草の茎やどす黒い泥が巻きつき、その先端から垂れ落ちる水滴に日の光が反射してキラリキラリと光っていた。この時期、白鳥の子供たちもよく見れば親より少し小さいものの、遠くから見ると外形だけでは親との区別は困難になってきた。彼らはもう、うまく編隊飛翔する以外は何でもできるまでに成長したのである。

九月に入り、僕は白鳥たちが僕が知らぬうちに飛び去ってしまうのが心配で、連日湖を訪れた。白鳥たちは餌探しなどの日課のほかに、時折、湖から陸上に這い上がり、集団で陸上を散歩したり休憩するようになった。勿論、水中と違い、歩きぶりはクラムジー（不細工）としか表現できないくらい遅く、いい格好とはいえなかった。そこで僕が心配したのは、そんな調子でゴルフ場をうろうろしていると、だれかの打ったボールに当てられ、怪我をするか、悪ければ命をとられる危険さえあることだった。勿論、そんなことはいくら心配しても彼らには通じないだろうけれど、僕には心配だった。まあ、取り越し苦労に過ぎなかったのだが。

僕は夏過ぎの花粉にアレルギー（枯草症）があるので秋の到来には敏感である。古人のように秋風の音を聴く必要はない。湖の周囲には、いろいろな色の秋の花が咲き乱れ、無数の糸トンボが飛び回っていた。西からそよぐ秋風で湖面は白い漣《さざなみ》を見せるようになった。湖上では羽の先だけが黒いカモメがしきりに魚を求めて飛び回り、水の表面に泳ぎ出た魚を巧みにダイブして口に銜《くわ》えると飛び去っていった。カモメたちは強い風の日には風に向かって羽ばたくことでその場にとどまり、水面を見渡して魚を見つける。スマートな動作だ。時折、せっかく捕まえた獲物が大きすぎて、途中で水面に落としてしまうこともある。かわいそうに魚はショックで泳げず、銀色の腹を上にして水面に浮いていた。湖畔では、辛抱強く小魚を狙う魚とりの名手、巨大な鷺たちも目立つようになった。僕は時折襲うクシャミに悩まされながら湖面を眺めていた。そして間もなく、この湖で白鳥たちの最終レッスン、家族編隊飛翔の練習が始まることになる。

先に触れたように、この白鳥たちは、間もなく訪れる厳しい冬の寒さを逃れるべく暖かい南の地に渡らなければならない。これは選択技でなく、生存必須条件である。それには家族で編隊飛翔をしなければならない。これはどの渡り鳥にもいえることだが、そのような飛び方を親たちが子供たちに、何時、どのようにして教えるのか、非常に興味深い。鶴、雁など渡り鳥の多くは、まず初めに一羽、あるいは数羽ずつ飛び上がり、上空でうまく編隊を組む。実際、僕は何百羽の鶴がそのように上空で編隊を組んでいくのを見たことがある。しかし、白鳥はそういうことはしないようだ。彼らは飛び立つ前に、小型の戦闘機のように前もって水上で編隊を組み、同調して滑走し、離水するのである。難しい技術である。とくに経験のない若鳥を含めた八羽という大家族であれば。

この集団編隊飛翔の練習を僕が初めて目にしたのは、九月に入って間もなくのことであった。僕がいつものように湖に近づくと、突然すぐ目の前の橋の上を数羽の白鳥が、羽ばたきの音もすさまじく、欄干ぎりぎりのところを飛び去ったのである。その振動に吃驚《きっきょう》したが、それが白鳥の集団飛翔だとすぐに分かった。これは絶対に写真に納めなくてはならない、という思いが体中に走り、僕は興奮で手を震わせながらカメラを飛ぶ鳥の撮影条件に設定した。それは何回も失敗に失敗を重ねた後に導き出した僕独自の撮影条件（シャッター優先１／８００秒、その他は自動調整、手持ちの一秒九コマの連続撮影）である。愛用のカメラにそれをセットしてしまえば、僕は飛ぶ鳥の撮影には絶対の自信がある。

今日の風は西から東に向き微かに吹いている。当然、離水の方向は東から西向きである。だが、湖のどの地点から飛び立つのだろうか？　あたりを見回し、僕は見当をつけて、忍び足で橋の上の撮影に最も適した場所に陣取った。踏む橋板の音が気になった。さっきグループで飛んだ白鳥たちはすでにほとんどが湖の西の端のあたりに着水しており、その辺をうろうろしながら、水草を探っているのもいる。食欲旺盛な鳥たちである。暫くそれを遠くから眺めていて、今日の練習はこれまでかと思った。僕はツバメたちの糞で汚された橋の上のベンチの隅に腰を下ろし、はるか彼方に群がっている白鳥一家を眺めながら、この春から夏にかけて、このスワンレイクで演ぜられた幾多のハプニングに思いを馳せていた。

その時、少し離れた欄干の手摺に大きな羽ばたきの音とともに巨大な青鷺が飛来し、休む暇も無く、白い排出物を何回か湖に放出した。僕は暫くそれに見とれていたが、何かの気配にはっと我に返り、再び目を湖上の白鳥たちに向けると、驚くなかれ、白鳥たちがあの一列の編隊を組み、橋に向かって近づいてきているではないか。白鳥たちはゆっくりと僕が休んでいる橋の下を通り過ぎて、湖の東端の出発点に到達した。直感的に僕は彼らが再び編隊離水の練習を繰り返すことを悟った。

葦の茂った湖の端にたどり着いた白鳥たちはばらばらに分散し、暫くしてそれぞれの出発の位置についた。幾何《きか》的に正確な編隊ではないが、父親を先頭に、母親がそのすぐ横に、その後ろ斜めには六羽の子供たちが適当な距離を離して並んだのである。そして、全員が頭を西に向け風に面した。〝これだっ〟と僕はつぶやき、カメラを向けた。しかし、こんな時期になってもまだ餌が気になるのか、嘴を水に突っ込む子白鳥もいる。まったく心配させる子供たちだ。風は強くないが休むことなく正面から吹き込んでいる。飛び立つには絶好の条件だ。瞬間、先頭の父親が例によって首を真っ直ぐに伸ばし、嘴を速く上下に振り、羽を大きく広げると同時に力強く両足で水面を蹴り、走り出した。一瞬遅れて母親も同様に走りだした。そして残る白鳥の子供たちがそれに続いた。しかしどうしたことか、一羽は出遅れ、もう一羽は完全に出発を逸したのである。先頭の親たちは離水して数十メートル先を飛んでおり、ほかの白鳥も後に続いて離水していた。二羽の子白鳥が出遅れたことを、どうして知ったのか、先頭の親たちはすぐに飛翔を中止し、やれやれという感じで近くの水に着水した。続く子供たちも同じように着水した。彼らはすぐ回れ右をしてゆっくりとまた出発点に泳ぎ戻ってきた。〝こんなことでは駄目だ、もう一度〟という親白鳥のきびしい叱咤の声が聞こえてきそうだった。

それから随分長い、静かな時間が過ぎた。僕はいらいらしながら、我慢強く白鳥たちを眺め続けていた。彼らが再び、飛びたつ位置に着いたのはそれから三十分以上も経ってからのことだった。今度も、前とほぼ同じような、やや、だらだらとした準備動作の後、編隊を組み、一応飛び立ったのはよかったがうまく成功したとはいい難かった。またまた一、二羽の子白鳥が出遅れてしまったのである。それがさっきの白鳥と同じだったかどうかは分からない。しかし、こんな調子で親が満足するはずがないと僕は思った。まあ、それほどシンクロが必要な編隊離水というのは難しいのだろう。その日はどうも、それで練習を終えたようだった。

そして、その翌日、奇妙なことが起きた。多分、昨日のように今朝も飛び立つ練習をしていたに違いない。そして、またしても同様の失敗を繰り返したのだろう。湖には二羽の子供の白鳥がポカンと何事も無かったように浮いているのみで、両親と残りの四羽の子白鳥たちの姿がどこにも見えない。なにが起こったのかと気にかかって湖の隅から隅まで探したが、どうやら白鳥の家族は二羽の子供たちを残してどこかに飛び去ったようである。残された二羽が、昨日、飛び立つのに失敗を重ねたあの子白鳥たちであったかどうかはわからない。僕は最後まで、どれがどの子か、全く識別がつかなかった。なにかそれぞれの子供に目印になる特徴がないかと、たくさんの写真を根気よく調べてみたが無駄であった。少なくとも僕の目では、どこにもそのような特別な印や特徴は見つからなかった。六羽はどの子も同じ様にかわいい六つ子の白鳥だった。出来ればそれぞれに名前か愛称をつけてやりたかったのだが、それは叶わぬことだった。しかし、親たちにはその識別が分かっていたに違いない。

　ともかく、湖に残された二羽の白鳥は、これといった異常な行動を示すふうもなく、いつものようにあちこちで餌を漁り、ときには休み、時に突然羽を大きく開き、背伸びして欠伸のような動作をしながら時を過ごしていた。こうしたことが数日続き、僕は本当に心配になってきた。この残された子白鳥たちは、もしも置き去りにされたのなら、間違いなく間もなくやってくるシカゴの厳寒に耐えられるだろうかという心配と、たとえ飛べても何処へ飛んでいっていいのか分からないだろうという心配である。あの一見、親密で仲のよさそうな白鳥一家は、出来の悪い二羽を残して本当に南に飛び去ってしまったのだろうか。そんな無情なことがあるのだろうか。

その日は一日中このことが気にかかって仕方なかった。僕は心配しつつ置き去りにされている湖上の白鳥たちを毎日眺めていた。すると、数日後に何のまえぶれもなく、六羽の白鳥の家族が、またしてもこの湖に舞い戻ってきたのである。それも着水したのは後に残されていた二羽の子白鳥のごくそばであった。なんという光景。なんという再会。人間ならハグしそうなものだが、一家は何事もなかったように、以前と同じように共に餌を食べ、編隊で泳ぎ、同じ古巣で寝た。あれは、お前たち、しっかりしなければ本当に置き去りにされるよという子供たちへの警告だったのだろうか。それとも、残されていた二羽の子白鳥たちは家族がそのうち帰ってくることを知っていたのだろうか。白鳥たちの世界は実に複雑で、まだまだ謎が多い。子をうまく育て、一人前に成人させるということは楽な仕事ではない。僕もそれを経験し、よく知っている。

編隊飛翔練習のため出発点付近に集まった白鳥一家。両親二羽（嘴が赤いのでわかる）を先頭にここで編隊を組む。全員風に向かって出発のチャンスを待つ。

↑ここというタイミングでまず父親が滑走をはじめる。これを見ている家族は父親に続く心の準備に忙しいところだろう。どんな合図かサインを出すのかどうしても分からない。

←父親に続き母親が、そして更にすぐ後ろにいる子の白鳥が二羽、滑走を開始する。最後の四羽はまだ時を計って待っている。そして矢次早に親たちの後に続き滑走を始める。これらの写真は比較的うまく全員が出発できた例だが、練習の初期には出発のタイミングをミスし、立ち遅れ、後に残ったものがいた。うまくいけば素晴らしい編隊で飛翔する。うまくいくまで繰り返し練習する白鳥たちには感心の至りだ。この家族はよく統率がとれている。

一家そろってゴルフ場に遠出し、それぞれ勝手に休んだり、体の掃除をしたりしている。成人してくると一家連れだって陸に上がり、それこそ、よたよたとその辺を散歩し、時には昼寝のような事もする。万一ゴルフのボールに当たればそれこそ致命傷だ。

悲劇の顛末

さて、九月も終わりに近づき、朝夕は冷え込みが増し、吹く風も西からとなり冬のパターンになった。僕は隣接のゴルフ場でボールをたたきながら、コースの池に白鳥たちを見つけ〝今日はここまで来たのか〟とつぶやいていた。白鳥たちは隣接の湖や池に遠出をするくらい個々には十分に飛べるようになっていた。が編隊飛翔は相変わらず下手だった。それでも親たちは諦めず、その練習に拘《こだわ》っていた。繰り返してグループ離水を練習する白鳥たちを僕はカメラで追った。はるか彼方からファインダー越しに迫ってくる白鳥の緊張しきった表情は、どう表現したらいいのだろう。

しかし、ここに一つ懸念があった。西風でこの湖から飛び立つには、東端の出発点から橋までの距離がちょっと短か過ぎはしまいか。というのは今まで彼らが離水し空中に飛び上がるのを眺めていると、橋桁をクリヤするのに高度があまりにもぎりぎりなのである。

ちょっと離水が遅れると橋桁にぶち当たる可能性もあると思われた。この危惧は事実、彼らの多分最終と思われる飛翔訓練で実際に起こってしまった。

その日は西風で曇りの日だった。僕は橋の袂で編隊滑走の写真を撮ろうと待ち構えていた。編隊はうまく離水し、ほとんどの白鳥たちが橋桁をクリヤしたと思われた瞬間、ドスンという鈍い音が響いた。最後に出発した子白鳥一羽が欄干に衝突し、橋の上の敷き板の上に転落したのである。それこそ一瞬の出来事だった。鈍い音とともに橋の上に落ちた白鳥は、すぐ立ち上がり、足を引きずりながら歩こうとした。しかし怪我をしたのだろう、橋板には点々と血がこぼれ落ちた。

僕は橋に駆け上がり、傷ついた白鳥に走り寄った。そして白鳥を抱きかかえ、すぐに湖に帰してやりたいという衝動にかられた。ふと橋の下に目を移すと、一体何が起こったのかとばかり、親白鳥の一羽が心配そうな目つきで橋の欄干をじっと見上げているではないか。傷ついた白鳥は僕が抱き上げようと近づくと、さらに恐怖を感じたのか、よろめきつつ僕から逃げようとする。同時に喉を絞るような高い奇妙な声を出しながら、遠ざかり、なかなか抱かせない。パニックになり怯えているのだ。わかる。血は大量ではないが落ち続けている。僕はこんな状態の白鳥を直接抱くことは危険だと本能的に感じ、取り急ぎ駐車場へ走り、車から非常用の毛布を取り出してきた。そして毛布でやんわりと白鳥全体を包み、白鳥に目隠しをして抱き上げた。ずっしりと重たい。その時の白鳥の心臓の鼓動は、一分に百は超えていたにちがいない。そのはげしい鼓動は白鳥を抱く僕の胸に響くように伝わってきた。僕は〝心配するな〟と言ってやりながら、毛布ごと白鳥を抱き上げ、早足に橋を渡りきると岸辺に下りて、そっと湖に放してやった。

水を得た白鳥はすぐにゆっくりと泳ぎだし、心配そうにこちらの様子をうかがっていた親の白鳥に近づき、共にゆっくりと一族のいる巣の方向に泳ぎ去った。僕はほっとして彼らを見送った。後には土の上に投げ出された僕のカメラと、血痕の染みた毛布が水に浮んでいた。僕はあの時、胸に伝わってきた白鳥のはげしい心臓の鼓動を一生忘れないだろう。

それから数日間、白鳥たちは巣のごく近くで餌を探したり、退屈そうに羽をひろげてばたばたさせたりして時を過ごしていたが、もう飛ぶ練習はしなかった。時には湖から出て、芝生の上で体を清めたり、羽を広げたり、昼寝をしたりしていた。一方、傷ついた白鳥は餌も口にせず、力尽きたように葦の深い茂みで動かず、隠れるようにしてじっとして休んでいた。家族とはなにも一緒に行動できなかった。不思議と親たちも、その白鳥を気にかけ、心配してそばについていてやるというようなそぶりは全くみせなかった。

朝夕の寒さが、なお一層はっきりと肌に感じられるようになり、湖には時折、朝霧が立ち込めるようになった。南へ渡る途中だろうか、刈り取られた後のトウモロコシ畑や溜め池などで一夜の羽を休めた渡り鳥（鴨や雁）たちが、毎夕地平線に太陽が沈みかけるのを待ちかねたように三々五々、編隊を組み、南の空に消えていった。秋は間違いなく深まってきた。

編隊飛行の練習中、高度を誤り、橋の手摺に衝突して転落した子白鳥。傷つき、出血しショック状態で動けず、橋板の上でうずくまっている。近づくと足を引きずりながら逃げようとするが、あまり動けず力尽きたような様子だ。僕は毛布で巻き、白鳥の目を隠して抱き湖に帰してやった。その時の白鳥の心臓の早鐘のような鼓動、今も忘れられない。上は不安そうに湖を見下ろす子の白鳥を橋の下から心配そうに見上げる親白鳥。これが親が子に見せた感情を思わせる唯一の仕草だった。

事故から数週間、傷ついた白鳥は葦の深い湖岸に閉じこもり餌も食べず、
家族から離れて治癒を待った。

別れ、そして白鳥の夏のおわり

そして遂に十月に入った。秋の深まりと共に、湖の周辺の木々は紅葉し、落葉を湖面に散らした。咲き狂った雑草の花も萎れ、小鳥や蝶たちも姿を消し、時折、野ねずみやリスを狙う鷹が木のてっぺんからあちこちと目を光らせていた。傷ついた子白鳥の容態はあまり変わりないようだった。

そしてある日、両親と元気な五羽の子供たちは傷ついた子白鳥をあとに残して、ゆっくりと湖の西端から上陸し、ゴルフコースをよちよちと横切り、二、三百メートル離れたところにある大きな湖に滑りこんだ。方角や地形は前もって調べていたのであろう。そして、ゴルフ場に隣接した広い湖で見事な編隊を組み、鮮やかな滑走の後、秋空に舞い上がり南に向けて飛び去って行ったのである。

途中、ゴルフコースのグリーンの近くの均一にならされたバンカーの砂の上には細い真白な羽一本と驚くほど大きな水掻きの足跡が無数に残されていた。

それを見送り僕はとても悲しかった。なんと無情な。あの傷ついた子供を置き去りにして行ってしまうとは。しかし、これも彼らの生存を託した本能的行動であったに違いない。そうと分かっていても、傷ついた家族の一員を置き去りにするその行動にはどうしても耐えられなかった。これが自然の掟というものかもしれない。取り残された子白鳥に飛び去る家族の姿が見えないように、隣接の湖まで移動して飛び去っていったことはせめてもの情けだったのかもしれない。

さて、後に残された傷ついた白鳥は、まだ十分に傷から回復していない様子であったが、二、三日すると、葦の隠れ家から湖の中ほどにまで泳ぎ出てきて、少しながら餌を探るようになった。もっと時間が必要かもしれないが、この白鳥は助かると僕は直感した。だが、しかしである。果たしてあの傷が癒えてもうまく飛べるようになるのだろうか。肝心の羽に傷はないのだろうか。もし、冬までに飛べなかったら、湖は凍ってしまうし、そうなると水草や藻も食べられなくなってしまう。結局、餓死するか、野生の動物に食われてしまうだろう。

僕はまたまた心配でたまらず、橋の上のベンチに座り、シカゴの郊外にある傷ついた野生動物の保護施設に電話を入れた。事情を話し、この白鳥がこの冬を越せるだろうかと尋ねてみた。対応に出た女性の従業員は、僕の傷ついた白鳥への関心に感謝してくれたが、そのような白鳥は到底生きながらえないだろうといった。そこで僕は、どうにかしてこの白鳥を助けてやってほしいと懇願するように言うと、彼女は一寸待ってくれ、責任者と相談してみるからと言い電話をおいた。数分して、電話口に戻ってきた従業員は、その白鳥がもしここ一か月くらいして、まだ飛ぶことができずそこに居れば、こちらから人を送り、捕らえて保護するから連絡してくれるようにといい、電話を切った。親切な対応に僕はほっとして、はるか彼方にいるその孤独な白鳥に目を移した。

ふと気が付くと、澄み切った秋空には巨大なV字形をとり、南東を向けて渡る鶴(sandhill crane に違いない)の大編隊がコロ、コロ、コロと声を掛け合いながら縺《もつ》れ合うように飛び去っていった。多分、北のウィスコンシン辺りで夏を過ごしたサンドヒル鶴たちだろう。

傷ついた白鳥に関しては、事態はほぼ二週間、ほとんど何の変化もなかった。白鳥はよく泳ぎ、そしてよく食べるのだが飛ぼうとはしなかった。時折、思い出したように真っ白な成熟した羽を大きく双方に開き、羽ばたいたり尻の羽をはげしく左右に振ったりするのだが、飛ぶ様子は見せなかった。冬は迫ってくる。僕は心のなかで、もっと頑張れと言い続けた。祈る気持ちだった。

やっと十月も半ばを過ぎた頃、この白鳥は傷ついて以来はじめて短距離の水上滑走飛行を試みた。うまくいったがあまり高くは舞い上がらなかった。しかし明るい希望が湧いてきた。これはきっと飛ぶようになるという予感と確信が僕の胸を騒がせた。

そしてこのような短距離飛行を何回か繰り返していた白鳥が、突然、思い切ったような懸命の滑走のあと、うまく空中に舞い上がったのはその二日後であった。青空が澄みきった晩秋の快晴の日だった。それはなんという美しい光景、なんという喜びの瞬間だったことか。白鳥にとっても、僕にとっても。そして、この白鳥は再びこの湖には戻らず、そのまま南の空に姿を消してしまったのである。後にはそれを呆然と見送る僕と、この夏、白鳥たちを育てた静寂な湖が残されていた。

白鳥たちの夏はかくして終わりを告げた。

野生の白鳥の育児の仕方は、あまり一般には知られていないと思うが、それは僕にとってはまさに目からウロコの連続であった。彼らが子育て中に見せた親の愛情と保護、それは実に驚くほどに強烈で没頭的であった。しかしその反面、親たちがみせた統率力はすばらしく、生育しつつある子供たちには独立心と責任感を期待し、いつまでも構うことはしない。彼らの世界には、成人しても親の脛を齧り続けるニート族なんていうものは存在しえないだろう。時には冷淡とも思える、個人より家族優先の生き方には感心もするが違和感を覚えなくもない。しかし彼らの姿勢に学ぶことも多い。僕にいろいろな貴重なことを教えてくれた素晴らしい白鳥たちの夏であった。

秋も深まったある日、傷の癒えが遅れている白鳥一羽を残し、白鳥の家族はそろって隣接のゴルフ場をヨチヨチと横切り、大きな湖に滑り込んだ。そして､見事な編隊を組み､南の空に消え去った。実に悲しい別れだった。

ゴルフ場のバンカーには白鳥たちの大きな足跡と真っ白な羽一本が残されていた。その羽は今でも僕の記録ノートの表紙を飾っている。

やっと傷も癒え、遅れながらも独りで練習の後、湖から飛び上がり南の空に消え失せた。よく頑張ったものだ。

エピローグ

あれ以後、時折、僕は半年にわたり観察し続けた白鳥のことを思い浮かべる。時には彼らの夢をみることさえある。この年の翌年も、またその翌年も白鳥の番いがこの白鳥の湖に飛来し、産卵し、子育てをしたが、果たしてそれがあの夏に出会った白鳥の番いだったかどうかは知る由もない。僕はただ、あの傷ついた白鳥が無事、何処かで先に飛び去って行った一家を見つけ、一家そろって元気で冬を過ごすことを祈るばかりであった。いろいろな事情で、翌年以降に飛来した白鳥の家族を同じように観察できなかったのは残念だったが、時折観察した限りいずれの野生の白鳥たちの子供の育て方も、僕がここに記録したのとあまり変らないようだった。このスワンレイクが彼らの子育てに適していたのだろう。

景気の回復とともにこの湖に隣接する荒漠とした広場にも高級な家が建ち始め、すでに数軒が完成し入居者の影が見られる。更なる拡張と造成のためかブルドーザーの唸る音も響く。そのためかどうかはよく分からないが、ここ一、二年、この湖に訪れる白鳥がいなくなったようだ。あの往年の環境の静かさが失われたためだろうか。町としては発展だろうが白鳥たちには環境破壊であろう。非常に寂しい感じがする。

僕が偶然、近くの湖で野生の白鳥が子育てを始めたのを目にした時、白鳥たちの写真的な美しさと優雅さに魅せられると同時に、その子育ての生態に非常に興味を覚えたのだった。完全に自然の環境下で、野生の白鳥が子育てをする経過を一夏をかけて観察撮影する機会を得たことはこの上ない幸運といわなければならない。

彼らの子育ての様子を観察している間に、ぼくは白鳥の子育ての記録についていろいろ文献的に探索も試みた。これは僕が以前医学、生物研究に従事していたので当然な行動であっただろう。もし、ぼくが観察したのと同様なことが、既に誰かによって記録され、報告されているならば、僕の経験したことはあまり新鮮味がないし、驚くに足らないものだろう。しかし結果から言うと、ぼくがここに記載することの多くは一般に知られておらず、野生白鳥の番い（pair）の子育ての一部始終を記録したものとしては初めてのものだと思う。

この本では僕がこの目で観察し、写真に撮り収めた野生白鳥の子育ての様子のなかから、あまり一般に知られていない生物学的にも意味があるものと思われるものを選び紹介した。

神話時代から生き延びてきた白鳥の子育てに何か学ぶことを見出していただければ幸いである。

随筆後記

本随筆は生物学的論文ではない。しかし随筆の内容は出来うる限り正確を期し、僕のこの目、カメラの目で実際に観察し、記録した事実に基づいてのみ記載した。随筆形式のため引用はしていないが出来うる限り文献も検索した。

野生の白鳥の子育ての様子を産卵から最終の編隊家族飛行まで、自然環境のなかで詳細に観察できたことは本当にラッキーで貴重な経験であった。白鳥がどのようにして子供たちに飛ぶことを教えるのか、それに関する文献は非常に少ないが、報告されている断片的なビデオの画像などの記載は、明らかに僕が観察した結果とは大分かけ離れている。僕の観察した限り、飛翔の教育はあらゆる段階において非常に組織的で集団的、且つ厳格な訓練法が感じられたが、他の報告者の記録では親白鳥の励ましはあるものの、あまり纏《まと》まりのない個々の、どちらかといえばルーズな教え方のように思えた。それは特定の白鳥自身の個体差、あるいは子育てをする場所の環境の差によるものかもしれない。僕の観察したのは相当広い湖に住み着いた野生の単一家族であったが、報告されている大部分の白鳥は複数の群れが住む共同生活環境であった。また、育ちつつある子白鳥たちのための特殊栄養物らしきものの探索、供給などに関してはどこにもそれに似た記録がない。僕が観察した限り、白鳥という鳥は多分我々が思っているより遥かに高度な知性とコミュニケーション能力をもっている動物だと考えざるを得ない。動物生態学者の解明すべき大きな課題の一つだろうと思う。僕は最後まで白鳥たちに名前をつけなかった。もっと正確にはつけられなかったのだ。六つ子の子白鳥は最後までどれがどれだか区別がつかなかったし、親の白鳥に関しては人間のどの名前も彼らにはピッタリしなかった。彼らをパパ白鳥、ママ白鳥などと呼ぶのは漫画臭くて到底使えなかった。ご了承願いたい。

最後に、世の中には白鳥をこよなく愛す仲間が多くいる（“Swan Lovers” by Sharona Muir: International New York Times.February 9.2015;“Speaking Up for the Mute Swan” by Hugh Raffles:The Mew York Times,February

17.2014)。日本野鳥の会もその代表的なものだろう。しかし、残念だが敵もいる。白鳥が水草（SAV）を食べ過ぎ、環境を荒らすという理由で見つけ次第、殺してしまう州が米国にあるそうだが、それを実行する人たちは、その昔、羽を婦人の帽子の飾りにするために、罪のない多くの鳥たちを殺した奴らと同じメンタリティをもつ人種だろう。悲しいことだ。

大空を飛ぶ野鳥の写真を撮るという観点からも、あの夏の白鳥たちとの出会いは満足のいくものであった。随筆には入れなかったが、最後に一枚、あの白鳥家族の飛翔する姿を挿入しておく。僕の気にいっている飛ぶ鳥の写真の一つである。

この随筆の出版にあたり、最初から終わりまで貴重な時間とタレントを注ぎ、助言をいただいた荒木和美さんのご好意と友情に心から感謝いたします。また荒木さんと綿密に連絡しつつ、本の出版課程をスムースに運んで下さった叢文社の佐藤さんのご尽力、本当にありがとうございました。またいつも私の随筆原稿に貴重なコメントと励ましを送ってくださる水口ふみよさん、中田和代さんに感謝いたします。最後に長年にわたり私の書く原稿のイラストの手伝い、推敲などに尽くしてくれた橋本綾子（妻）には感謝の念でいっぱいです。

２０１５年　初秋のイリノイにて

橋本　忠世

春先にスワンレイクで生まれ、そこで育った二羽の子白鳥に挟まれ、秋空を飛翔する親白鳥の雄姿。親白鳥の少し開いた真紅の嘴は、子供たちに話しかけているに違いない。知りたいものだ。

著者／橋本　忠世（はしもと・ただよ）
1930年大阪府堺市生まれ.
徳島大学医学部卒業，大学院博士課程修了．フルブライト研究員として渡米．コーネル大学，ミシガン大学で研修．徳島大学医学部講師を経てケンタッキー大学準教授．ロヨラ大学医学部教授として40年にわたり研究と教職に従事．1995年ロヨラ大学名誉教授．退職後は自然の景色，とくに飛ぶ鳥の写真撮影，旅行，ゴルフなどの趣味に専念．写歴は1950年頃の白黒フィルム時代から．保存したネガは数万に及ぶ．家に暗室を設置し白黒写真はすべて自分で処理した．現在でもデジタル写真は撮影からプリントまですべて自分で扱う．
American Society for Microbiology 名誉会員.
他の随筆に「飛ぶ野鳥に魅せられて」（大塚薬報 No.682号 2013）．医学関係の著作多数.

使用機材
カメラ：主に NIKON D3S
レンズ：主に NIKKOR ZOOM 28-300mm;NIKKOR 500mm

スワンレイクの夏—野生の白鳥たちの子育て

発行　2015 年 11 月 15 日　初版第 1 刷

著　者　橋本忠世
発行人　伊藤太文
発行元　株式会社 叢 文 社
東京都文京区関口 1—47—12 江戸川橋ビル
電　話　03（3513）5285（代）

印刷・製本　モリモト印刷

ISBN978—4—7947—0750-5
http://www.soubunsha.co.jp